V. K. SALUNKHE
S. V. SALUNKHE
B. G. PATIL

Sistema automático de teste e diagnóstico de avarias para PCB montada

V. K. SALUNKHE
S. V. SALUNKHE
B. G. PATIL

Sistema automático de teste e diagnóstico de avarias para PCB montada

ScienciaScripts

Imprint

Any brand names and product names mentioned in this book are subject to trademark, brand or patent protection and are trademarks or registered trademarks of their respective holders. The use of brand names, product names, common names, trade names, product descriptions etc. even without a particular marking in this work is in no way to be construed to mean that such names may be regarded as unrestricted in respect of trademark and brand protection legislation and could thus be used by anyone.

Cover image: www.ingimage.com

This book is a translation from the original published under ISBN 978-620-7-99610-0.

Publisher:
Sciencia Scripts
is a trademark of
Dodo Books Indian Ocean Ltd. and OmniScriptum S.R.L publishing group

120 High Road, East Finchley, London, N2 9ED, United Kingdom
Str. Armeneasca 28/1, office 1, Chisinau MD-2012, Republic of Moldova, Europe
Printed at: see last page
ISBN: 978-620-8-02702-5

Resumo

A excelência das PCBS terá um resultado importante no desempenho de vários produtos electrónicos. Na produção em massa de PCBS para as indústrias de fabrico de produtos electrónicos, é um desafio conseguir uma garantia de excelência de cem por cento do produto. Durante o fabrico de PCB, surgem várias falhas que prejudicam o desempenho exato do circuito. O ambiente industrial contém vários tipos de métodos de deteção de falhas nas placas de circuitos impressos montadas (PCBS). Atualmente, existem muitas estratégias de ensaio disponíveis para o diagnóstico de defeitos em placas de circuitos impressos montadas (PCBS) para a linha de produção. Com base numa vasta revisão da literatura, existem muitos métodos disponíveis para determinar as falhas. A maior parte das técnicas de ensaio para inspecionar a placa de circuitos impressos (PCB) baseia-se na inspeção visual manual, bem como em técnicas de processamento de imagem. Estas estratégias de teste permitem encontrar falhas na placa de circuito impresso montada sem aplicar os sinais. Normalmente, a inspeção visual de PCB é feita manualmente por inspectores. Sabe-se que os seres humanos estão sujeitos a cometer erros e que são lentos e menos fiáveis, pelo que este artigo tem como objetivo conceber e concentrar-se no desenvolvimento de um modelo para calcular as falhas numa placa de circuito impresso (PCBS) fabricada numa determinada linha de montagem, quando aplicamos os sinais à placa de circuito impresso utilizando uma plataforma incorporada.

Reconhecimento

I gostaria de expressar a minha gratidão ao Sr. Suryakant. R. Dodmise por me permitir trabalhar neste projeto patrocinado pela Core technology, Kolhapur.

Gostaria também de agradecer ao meu orientador de projeto, Dr. B.G. Patil, pela sua orientação constante durante o meu projeto, e à faculdade, especialmente ao Departamento de Engenharia Eletrónica, por me ter disponibilizado as suas instalações. Gostaria também de agradecer ao nosso Diretor-Geral, Dr. V. B. Dharmadhikari, pelo seu encorajamento constante.

Aproveito esta oportunidade para expressar os meus sinceros agradecimentos a todos os membros do pessoal do Departamento de Engenharia Eletrónica pela sua ajuda sempre que necessário. Por fim, expresso os meus sinceros agradecimentos a todos aqueles que me ajudaram direta ou indiretamente neste projeto.

Vikas Krishnaji Salunkhe
M.Tech(ELN)

Conteúdo

Capítulo 1

Introdução

As placas de circuitos impressos (PCB) estão no centro do equipamento eletrónico moderno. Sem elas, é impossível construir produtos electrónicos modernos, ou seja, computadores, telemóveis, televisores, leitores de Blu-ray e muitos outros produtos electrónicos. As placas de circuitos impressos (PCB) são concebidas para embalar dois ou mais chips semicondutores [1], [2]. Nestes substratos, muitos chips diferentes são ligados através de uma interligação com fios. A extremidade de uma interligação com fios é designada por pino e um conjunto de pinos que devem ser ligados eletricamente é designado por rede (Fig.1). A tecnologia PCB proporciona uma capacidade de montagem densa e um maior empacotamento de pastilhas a um custo relativamente baixo [3]. Devido à montagem de alta densidade, as placas de circuito impresso têm algumas vantagens em termos de consumo de energia, volume de embalagem, etc. [4]. As placas de circuito impresso podem ter uma ou várias camadas, dependendo da complexidade do dispositivo que está a ser fabricado. As placas de circuito impresso de uma face utilizam componentes de orifício passante, enquanto as placas de múltiplas camadas são susceptíveis de utilizar componentes montados à superfície. A conceção da placa de circuito impresso pode ser tão importante como a conceção do circuito para o desempenho global do sistema final. A conceção da placa de circuito impresso e os ensaios foram divididos em três domínios principais: modelação do processo, conceção da placa e ensaios da placa de circuito impresso. São necessárias mais de 50 etapas de processo para fabricar uma placa de circuito impresso (PCB). A montagem de placas de circuitos impressos (PCBA) está a tornar-se mais complexa de dia para dia devido à rápida evolução da tecnologia. Atualmente, muitas placas têm um número significativamente maior de componentes e juntas de soldadura do que há apenas alguns anos. Um maior número de componentes significa normalmente um custo mais elevado para cada PCBA, resultando num custo WIP (work in process) e em custos de refugo mais elevados [5]. Analisar a falha de PCBs e a razão da sua falha é uma tarefa difícil, mas apesar de poderem ser diagnosticadas e reparadas. A resolução de problemas e a análise de falhas de PCB requerem um bom conhecimento teórico e pensamento analítico [6]. Para garantir a qualidade, os operadores humanos limitam-se a inspecionar visualmente o trabalho em relação a normas pré-estabelecidas. As decisões tomadas por este procedimento intensivo em termos de mão de obra e, por conseguinte, dispendioso, envolvem frequentemente também juízos de valor específicos. Os sistemas de inspeção automática eliminam as caraterísticas particulares e fornecem avaliações dimensionais rápidas e quantitativas. A visão artificial pode responder à necessidade da indústria transformadora de melhorar a qualidade dos produtos e aumentar a produtividade. A principal limitação dos sistemas de inspeção existentes é que todos os algoritmos necessitam de uma plataforma de hardware especial para atingir as velocidades em tempo real desejadas. Este facto torna os sistemas extremamente dispendiosos. Quaisquer melhorias na aceleração algorítmica do processo de computação poderiam reduzir drasticamente o custo destes sistemas. No entanto, continuam a ser uma melhor opção do que a inspeção manual humana, cada vez mais propensa a erros e lenta.

1.1 Breve análise da pesquisa bibliográfica

Sistemas actuais: Existem muitos sistemas de teste e diagnóstico de falhas para PCBs montadas. Entre os quais alguns são:

- A estratégia de teste/inspeção mais comum [5]: -A estratégia de teste/inspeção mais comum na linha de produção dá três passos: no primeiro passo, realiza-se a Inspeção Visual Manual (MVI); neste passo, os defeitos na placa de circuito impresso são encontrados manualmente, tais como componentes ausentes, colocação incorrecta, localização errada de chips I.C., peças erradas, juntas de solda deficientes e pista aberta, etc. Na segunda etapa, realiza-se o teste no circuito (ICT) e, na última etapa, o teste funcional (FT), como se pode ver na figura 1. Técnicas de ensaio comuns para a deteção de defeitos em PCBS. Nesta figura, os padrões da grelha indicam a cobertura de defeitos em cada teste, a grelha a indica a cobertura de defeitos no teste MVI, a grelha b indica a cobertura de defeitos no teste ICT, a grelha c indica a cobertura de defeitos no teste FT e, por fim, a grelha d indica a sobreposição de defeitos.
  Desvantagem: - Neste sistema, os engenheiros dedicaram pouco tempo a analisar a cobertura de defeitos não detectados, bem como a cobertura de defeitos sobrepostos, o que resultou numa cobertura de defeitos sobrepostos e, para alguns tipos de defeitos, numa cobertura não detectada. A cobertura de defeitos sobrepostos, bem como a cobertura de defeitos não detectados, dão origem a uma menor qualidade dos produtos finais e mais falhas no terreno podem levar a uma grave degradação do desempenho.

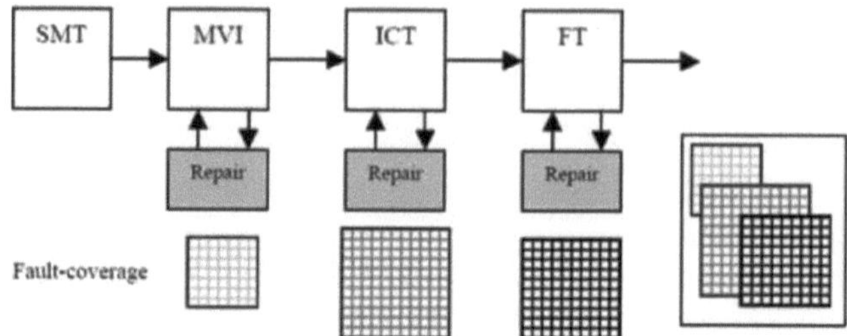

Figura 1.1: Técnicas de ensaio comuns para a deteção de defeitos em PCB

- Técnicas para identificar e testar a placa de circuito impresso com a solução proposta [6]: - Neste artigo, descrevem a sua investigação sobre técnicas para identificar e testar falhas na placa de circuito impresso com o resultado projetado. Numa placa de circuito impresso, os componentes montados são diferentes combinações, tais como combinações em série, em paralelo ou combinações paralelas ou em série. É difícil identificar as marcas destas combinações. Por conseguinte, nestes casos, a melhor solução consiste em equiparar a marca da placa de circuito impresso defeituosa à de uma placa de circuito impresso em bom estado. Se as marcas dos mesmos pinos forem idênticas, não existe qualquer falha nesse ponto. No entanto, se as marcas dos mesmos pinos forem diferentes, considera-se que se trata de uma indicação de avaria. A figura 2 mostra o instrumento de verificação VI, que indica a relação entre a placa de circuito impresso defeituosa e a placa de circuito impresso em bom estado. Nestas técnicas, utilizam-se os passos seguintes.

1. Pegar numa PCB boa e numa PCB defeituosa.
2. Utilizou três sondas de teste, a sonda A (vermelha) utilizada para verificar diferentes pontos de teste na PCB boa, a sonda B (verde) utilizada para verificar diferentes pontos de teste na PCB defeituosa e a sonda (cinzenta) utilizada para os pontos de terra comuns a ambas as PCB.
3. Tocar com as duas sondas de ensaio (A e B) no mesmo pino de ambas as placas de circuito impresso dos circuitos integrados semelhantes (ponto) ou de outros componentes em ambas as placas de circuito impresso e observar
a leitura. Se a leitura dos diferentes pinos for idêntica, não existe qualquer falha nesse ponto. No entanto, se a leitura dos mesmos pinos for diferente, considera-se que se trata de uma indicação de avaria. Assim, a Fig. 3 não apresenta qualquer falha nesse mesmo ponto e a Fig. 4 apresenta falhas nesse mesmo ponto.

Desvantagem: - A resolução de problemas e a análise de falhas de PCB requerem um bom conhecimento teórico e um pensamento analítico da pessoa que executa o sinal VI (inspeção visual). Como muitas vezes os sinais são ligeiramente diferentes, cabe à pessoa decidir se o considera uma tolerância do componente ou uma indicação de falha, pelo que esta técnica é ineficaz.

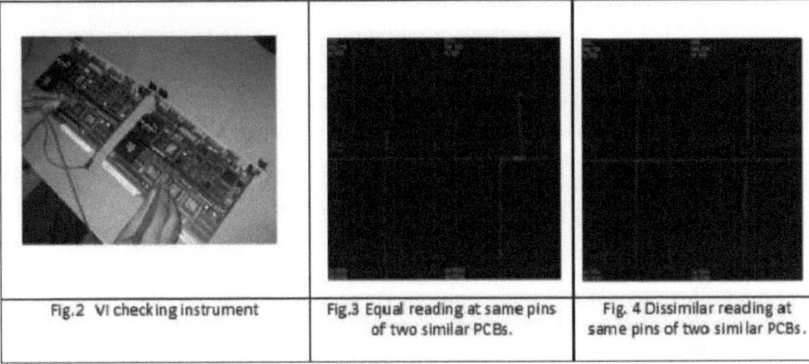

Figura 1.2: Técnicas para identificar e testar a PCB com a solução proposta

- Sistema automático de inspeção visual de placas de circuitos impressos [7][8]: - Neste sistema, a inspeção visual automática de placas de circuitos impressos é basicamente um primeiro exame antes do seu ensaio eletrónico. Esta inspeção consiste principalmente em componentes em falta ou mal colocados na placa de circuito impresso, na orientação errada das pastilhas I.C., em peças erradas e em juntas de soldadura deficientes. Se faltar algum componente eletrónico, isso não danifica a placa de circuito impresso. Mas se um componente que só pode ser colocado de uma forma e tiver sido soldado de outra forma, então o mesmo ficará danificado e há hipóteses de outros componentes também ficarem danificados. Para evitar esta situação, é necessária uma inspeção visual automática que possa tratar dos componentes electrónicos em falta ou mal colocados. No trabalho apresentado, foi proposto um sistema automático de visão artificial para a inspeção de placas de circuitos impressos em busca de qualquer componente em falta, em comparação com a placa normal. O sistema consiste essencialmente em duas partes:

1) O processo de aprendizagem, em que o sistema é treinado para a placa de circuito impresso padrão. 2) O processo de inspeção, em que a placa de circuito impresso em teste é inspeccionada para detetar qualquer componente em falta em comparação com a placa padrão.

O sistema proposto pode ser instalado numa linha de produção a um preço muito mais acessível do que outros sistemas de inspeção comerciais.

7

- Conceção de um sistema de deteção de defeitos em PCB baseado na tecnologia de inspeção ótica automática (AOI) [9]: Este sistema é amplamente adotado em aplicações industriais. Na inspeção de PCB, os sistemas AOI são utilizados para detetar a maior parte dos tipos de defeitos de PCB, que incluem não só circuitos abertos e defeitos de curto-circuito, mas também lacunas, marcas, defeitos relacionados com a superfície, tais como inspeção de placas nuas, ponte de solda, falta de solda, componentes em falta, má orientação das peças, cabos levantados, apedrejamento de túmulos, bolas de solda. Como mostra a figura 5, a técnica de manuseamento do sistema AOI inclui três passos.

- Em primeiro lugar, utilizando uma matriz de dispositivos de carga acoplada (CCD) ou placas de circuito impresso CCD lineares, as imagens são captadas com uma luminosidade constante.

- Em segundo lugar, a imagem PCB processada e as caraterísticas valiosas são retiradas.

- Por fim, em combinação com as caraterísticas da imagem de bons produtos, os tipos, níveis e posições coordenadas dos PCB são encontrados por algoritmos de reconhecimento de padrões.

Desvantagem [7-8-9]:-No sistema acima referido, as imagens utilizadas são de nível cinzento ou binárias e são muito sensíveis a pequenas alterações das condições de iluminação. Assim, durante a aquisição da imagem, a iluminação desempenha um papel importante na obtenção das várias caraterísticas para efeitos de classificação. As diferentes condições de iluminação tornam necessário dispor de diferentes conjuntos de equipamento de iluminação, câmaras e mesas X-Y.

Isto pode ser um problema quando o custo é um fator importante.

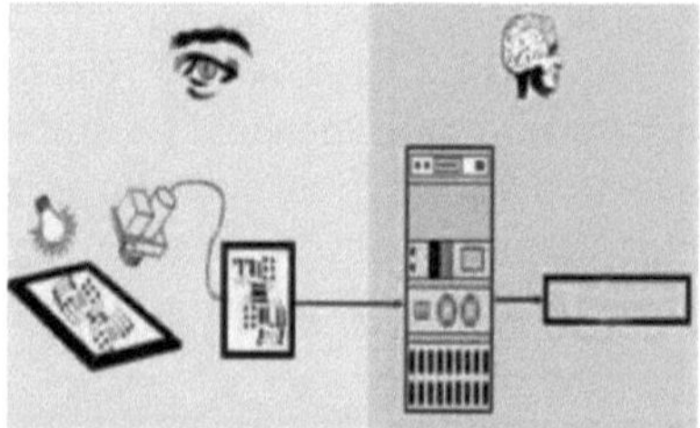

Figura 1.3: Sistema de deteção de defeitos AOI para PCBS

- Jae H. Shim, Hyung S. Cho, and S. Kim An Actively Compilable Probing System Foi desenvolvido um novo mecanismo de sondagem e um algoritmo de controlo de conformidade ativo associado para o teste em circuito de uma PCB (placa de circuito impresso). Os dispositivos robóticos de sondagem disponíveis no mercado são incapazes de controlar a força de contacto gerada quando uma sonda rígida entra em contacto com uma junta de soldadura a alta velocidade. Esta força de contacto injustificada e incontrolável provoca frequentemente alguns defeitos na superfície da junta de soldadura, que se torce plasticamente ao longo de uma força de contacto limitada. Esta força também provoca movimentos de contacto instáveis, o que resulta em dados de ensaio pouco fiáveis. Para ultrapassar estes problemas, propomos um macro e micro manipulador ligado em paralelo, equipado [10] com capacidade de concordância ativa para um ensaio em circuito seguro e fiável. Além disso, com esta sonda, a profundidade de penetração numa junta de soldadura [12] pode ser regulada após o contacto. Este artigo descreve as caraterísticas de conceção, a modelação [11] e o esquema de controlo dos dispositivos recentemente propostos. É apresentada a comparação dos métodos convencionais de controlo da conformidade passiva e de realimentação da força com o esquema de controlo proposto para o controlo da força de contacto. Os resultados obtidos a partir de uma série de experiências mostram claramente a eficácia do sistema proposto. O teste de soldadura é um processo muito importante nos controlos de qualidade que verificam a correção do posicionamento de peças eléctricas montadas, tais como resistências, condensadores e circuitos integrados, e detectam falhas de soldadura. Anteriormente, os testes em circuito eram realizados num dispositivo com muitas sondas de teste fixadas na mesma posição de acordo com o padrão de uma placa de circuito impresso. A fiabilidade da medição deste método depende em grande medida da tecnologia de produção do dispositivo de fixação. Quanto mais estreito for o cabo

Quanto maior for o passo, que é a distância entre dois cabos adjacentes de um componente elétrico, mais difícil será a inserção das sondas na posição correspondente do dispositivo de fixação. Além disso, o dispositivo de fixação deve ser frequentemente alterado de acordo com as mudanças de modelo dos PCB. Por conseguinte, este método foi considerado inadequado para os actuais FMS (sistemas de fabrico flexíveis).

1.2 Objectivos

- Otimizar o tempo de produção e o custo de produção através da otimização do tempo de ensaio.
- Os sistemas de inspeção automática podem responder à necessidade da indústria transformadora de melhorar a qualidade dos produtos e aumentar a produtividade.

Capítulo 2

Trabalho proposto

2.1   Âmbito de aplicação

A máquina automática de ensaio de PCB é utilizada para o ensaio de PCB montadas na produção em massa de um determinado produto. O sistema proposto destina-se a superar o sistema existente de ensaio de PCB montadas. No sistema existente, o número de trabalhadores é para o ensaio de PCB montadas para testar se a PCB é APROVADA ou FALHA para funcionar. Se não funcionar, onde é que surge o problema? Se as pistas não estiverem disponíveis, se a solda seca estiver disponível, se as resistências tiverem valores diferentes, se houver corrente no ponto de ensaio, se houver tensão no lado da saída, etc., tudo tem de ser testado. Mas o tempo necessário para este procedimento é demasiado longo. Para ultrapassar este processo moroso e otimizar a mão de obra, propõe-se um sistema que testará os seguintes parâmetros,

1. Tensão no lado da entrada, bem como no lado da saída,

2. Tensão em diferentes pontos de ensaio,

3. Teste de funcionalidade,

4. forma de onda em diferentes pontos de ensaio.

O resultado de todos estes pontos de teste será comparado com o resultado padrão e guardará o relatório na unidade GUI e também dará a indicação LED PASS ou FAIL. O processo total de teste será concluído em 5-10 minutos. Se a PCB não funcionar, o sistema proposto guardará o relatório sobre a origem da falha.

2.2   Metodologia

No esquema de funcionamento total, existem cinco unidades principais
a) Unidade de fixação mecânica,
b) Unidade de placa de revestimento de arame,_____________
c) Unidade geradora de alimentação eléctrica para o DUT (Dispositivo em teste),
d) Unidade GUI
e) Unidade de microcontrolador.

2.2.1 Unidade de fixação mecânica A unidade de fixação mecânica destina-se a fixar o DUT (Dispositivo em teste) com o ponto de teste do PCB (DUT) ligado aos botões do ponto de teste na base da unidade de fixação mecânica, para que o PCB em teste não se mova durante o teste.

2.2.2 Unidade de placa de revestimento de arame

A unidade de placa de enrolamento de arame mantém o enrolamento do arame entre os botões do ponto de teste na base da unidade de fixação mecânica e da porta de sinalização. A necessidade da placa de enrolamento do fio é mediar a porta de sinalização e a unidade de fixação mecânica num local distante.

2.2.3 Unidade geradora de alimentação eléctrica

A unidade geradora de alimentação está aqui para fornecer a alimentação necessária para a nossa unidade de microcontrolador, placa de interface de relé e dispositivo sob teste (DUT).

2.2.4 Unidade GUI

A unidade GUI no PC apresenta os seguintes parâmetros

1. Circuito de entrada,

2. Tensão no ponto de teste,

3. Teste de funcionalidade.

2.2.5 Unidade de microcontrolador

A unidade de microcontrolador é a parte principal de todo o sistema. Todas as funções de controlo e processamento são realizadas por esta unidade. As funções seguintes são executadas pelo microcontrolador. Quando a tecla de função é acionada, a unidade do microcontrolador apresenta as funções como modo de seleção, início, paragem, ESC, etc. O modo pode ser selecionado para ativar o tipo de gerador de forma de onda que deve ser fornecido à placa de circuito impresso em teste.
1. Analógico
2. Digital.
A função START serve para iniciar o funcionamento do sistema; a função STOP serve para parar o funcionamento do sistema. A função ESC permite interromper o funcionamento do sistema. A placa de circuito impresso em teste é fixada na unidade de fixação mecânica e, quando o sistema começa a funcionar, o microcontrolador dá o sinal à unidade geradora de alimentação eléctrica e à unidade geradora de forma de onda, que fornecem a alimentação eléctrica e a forma de onda à placa de revestimento do fio. A placa envolvente do fio fornecerá o sinal aos botões do ponto de teste que está montado na base

do fixador mecânico.

O ponto de ensaio da unidade de fixação mecânica emitirá sinais do ponto de ensaio da placa de circuito impresso em ensaio para o microcontrolador através da placa de revestimento de fios e do ADC. O microcontrolador processará o sinal recebido do ADC e calculará o valor da tensão e guardará a leitura na GUI no respetivo ponto de teste; ao mesmo tempo, a forma de onda de saída será apresentada na unidade GUI. Se a leitura calculada e a leitura padrão corresponderem aproximadamente, o microcontrolador dará ao LED a indicação PASS. Se não corresponder, o microcontrolador dá uma indicação de FALHA.

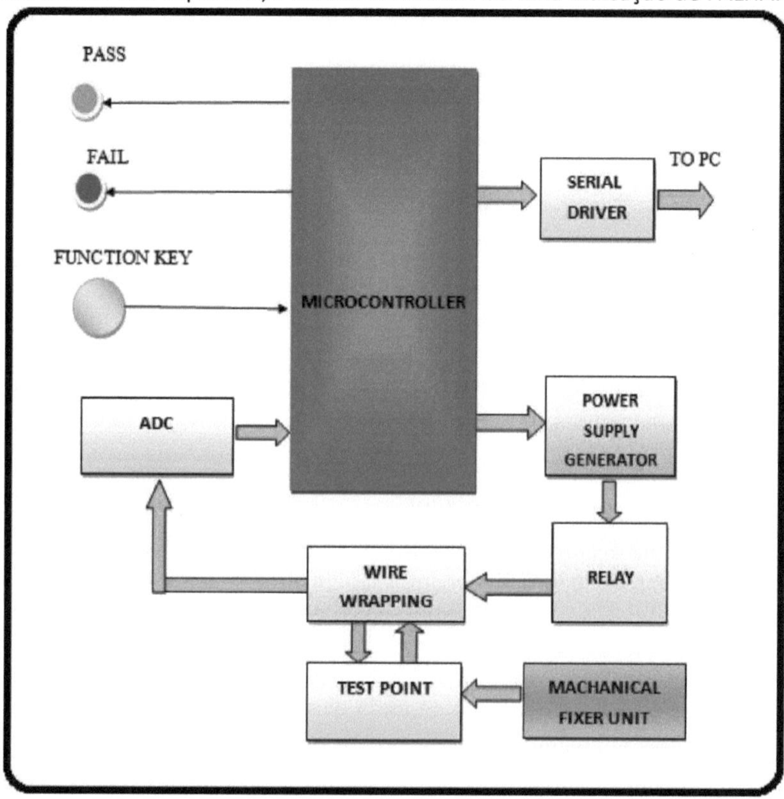

Figura 2.1: Diagrama de blocos da máquina automática de ensaio e elaboração de relatórios para PCB montada

Capítulo 3

Implementação do hardware do sistema

Como estudámos na nossa pesquisa bibliográfica, temos de trabalhar para a ideia proposta, como indicado no diagrama de blocos. Para este efeito, em primeiro lugar, temos de desenvolver uma plataforma de hardware para o sistema proposto. A conceção do hardware do sistema está dividida em quatro secções
A) Placa CPU
b) Placa de entrada
c)   Tábua de enrolar arame
e)   Conceção de PCB

3.1   Conceção de placas de CPU

No nosso projeto, estamos a utilizar o microcontrolador 16F877A como CPU. O microcontrolador 16F877A requer algum hardware de suporte extra, como fonte de alimentação de + 5 volts, MAX 232 1C e comunicações em série RS-32.

3.1.1   Seleção do microcontrolador PIC e seu estudo

O PIC 16F877 é um dos microcontroladores mais avançados da Microchip. Este controlador é amplamente utilizado em aplicações experimentais e modernas devido ao seu baixo preço, vasta gama de aplicações, elevada qualidade e facilidade de disponibilidade. É ideal para aplicações como aplicações de controlo de máquinas, dispositivos de medição, fins de estudo, etc. O PIC 16F877A possui todos os componentes que os microcontroladores modernos normalmente possuem.

Caraterísticas gerais do microcontrolador

- CPU RISC de elevado desempenho.

- Apenas 35 instruções de uma única palavra para aprender.

- Todas as instruções de ciclo único, exceto as ramificações de programa que são de dois ciclos.

- Velocidade de funcionamento: DC - 20 MHz entrada de relógio DC - 200 ns ciclo de instrução

- Até 8K X 14 palavras de memória de programa FLASH.

- Até 368x 8 bytes de memória de dados (RAM).

- Até 256 X 8 bytes de memória de dados EEPROM.

- Pinagem compatível com PIC 16C74B, PIC 16C76, PIC 16C77.

- Diferentes tipos de modos de endereçamento (direto, indireto, relativo).

- Capacidade de interrupção (até 14 fontes).

- Pilha de hardware com oito níveis de profundidade.

- Reposição de energia (POR), temporizador de arranque (PWRT) e temporizador de arranque do oscilador (OST)

- Temporizador Watchdog (WDT) com o seu próprio oscilador RC integrado para um funcionamento fiável

- Conceção totalmente estática.

- Programação em série no circuito (ICSP) através de dois pinos.

- Capacidade de programação em série no circuito de 5V, depuração no circuito através de dois pinos

- Ampla gama de tensões de funcionamento: 2,0V a 5,5V

- Corrente elevada de dissipação/fonte: 25 mA

- Gamas de temperatura comerciais, industriais e alargadas.

- Baixo consumo de energia (¡0,6mA típico @3v-4MHz, 20A típico @3v-32MHz e ¡1 A típico em standby).

Caraterísticas dos periféricos do microcontrolador

- TemporizadorO: Temporizador/contador de 8 bits com pré-dimensionador de 8 bits.

- Timerl: Temporizador/contador de 16 bits com pré-escalonamento, pode ser incrementado durante o sono através de cristal/relógio externo

- Temporizador2: Temporizador/contador de 8 bits com registo de período de 8 bits, pré-escalonador

- pós-escalonador Dois módulos de captura, comparação e PWM A captura é de 16 bits, a resolução máxima é de 12,5 ns A comparação é de 16 bits, a resolução máxima é de 200 ns A resolução máxima de PWM é de 10 bits

- Conversor analógico-digital multicanal de 10 bits.

- Porta série síncrona (SSP) com SPI (modo mestre) e I2C (mestre/escravo)

- Transmissor recetor assíncrono síncrono universal (USART/SCI) com deteção de endereço de 9 bits

- Porta Paralela Escrava (PSP) de 8 bits de largura, com controlos externos RD, WR e CS (apenas 40/44 pinos)

- Circuito de deteção de Brown-out para reposição de Brown-out (BOR)

Caraterísticas principais do microcontrolador

- A frequência máxima de funcionamento é de 20MHz.

- Memória de programa Flash (palavras de 14 bits), 8KB.

- A memória de dados (bytes) é de 368.

- A memória de dados da EEPROM (bytes) é de 256.

- 5 portas de entrada/saída.

- 3 temporizadores.

- 2 módulos CCP.

- 2 portas de comunicação série (MSSP, USART).

- Porta de comunicação paralela PSP

- Módulo A/D de lObit (8 canais)

Caraterísticas analógicas do microcontrolador

- lObit, conversor A/D de até 8 canais.

- Função de reinicialização de Brown Out.

- Módulo comparador analógico.

Caraterísticas especiais do microcontrolador

- Memória melhorada com ciclo de apagar/escrever de 100000 vezes.

- 1000000 vezes o ciclo de apagamento/escrita de dados da memória EEPROM.

- Auto-programável sob controlo de software.

- Capacidade de programação em série no circuito e de depuração no circuito.

- Alimentação única de 5V, DC para programação em série do circuito

- Selecionar opções de oscilador capazes.

3.1.2 Estudo do RS232

Devido à sua relativa simplicidade e baixa sobrecarga de hardware (em comparação com a interface paralela), as comunicações em série são amplamente utilizadas na indústria eletrónica. Atualmente, a norma de comunicações em série mais utilizada é certamente a especificação EIA/TIA232E. Esta norma, que foi desenvolvida pela Electronic Industry Association e pela Telecommunications Industry Association (EIA/TIA), é mais popularmente referida simplesmente como RS232, em que RS significa norma recomendada. Nos últimos anos, este sufixo foi substituído por EIA/TIA para ajudar a identificar a fonte da norma. Neste documento utilizar-se-á a notação comum de RS232 na discussão do tema.

O nome oficial da norma EIA/TIA232E é Interface Between

Equipamento terminal de dados e equipamento de terminação de circuitos de dados que utilizam o intercâmbio de dados binários em série. Embora o nome possa parecer intimidante, a norma diz simplesmente respeito à comunicação de dados em série entre um sistema anfitrião (equipamento terminal de dados, ou DTE) e um sistema periférico (equipamento de terminação de circuitos de dados, ou DCE). A norma EIA/TIA232E, que foi introduzida em 1962, foi actualizada quatro vezes desde a sua introdução, de modo a satisfazer melhor as necessidades das aplicações de comunicação em série. A letra E no nome da norma indica que esta é a quinta revisão da norma.

Especificações RS232

A RS232 é uma norma completa. Isto significa que a norma tem como objetivo assegurar a compatibilidade entre o anfitrião e os sistemas periféricos, especificando

- Níveis comuns de tensão e sinal,

- Configurações comuns de cablagem de pinos, e

    - Uma quantidade mínima de informações de controlo entre o anfitrião e os sistemas periféricos.

    Ao contrário de muitas normas que se limitam a especificar as caraterísticas eléctricas de uma determinada interface, a RS232 especifica as caraterísticas eléctricas, funcionais e mecânicas de modo a satisfazer os três critérios acima referidos.

RS232 Caraterísticas eléctricas

A secção de caraterísticas eléctricas da norma RS232 inclui especificações sobre os níveis de tensão, a taxa de variação dos níveis de sinal e a impedância da linha. A norma RS232 original foi definida em 1962. Como isso foi antes dos dias da lógica TTL, não deve ser surpreendente que a norma não use níveis lógicos de 5 volts e terra. Em vez disso, um nível alto para a saída do condutor é definido como sendo de +5 a +15 volts e um nível baixo para a saída do condutor é definido como estando entre 5 e 15 volts. Os níveis lógicos do recetor foram definidos para fornecer uma margem de ruído de 2 volts. Assim, um nível alto para o recetor é definido como sendo de +3 a +15 volts e um nível baixo é de 3 a 15 volts. Os níveis lógicos definidos pela norma RS232, para a comunicação RS232, são: um nível baixo (3 a 15 volts) é definido como um 1 lógico e é historicamente referido como marcação. Da mesma forma, um nível alto (+3 a +15 volts) é definido como um 0 lógico e é referido como espaçamento. O padrão RS232 também limita a taxa de variação máxima na saída do driver. Esta limitação foi incluída para ajudar a reduzir a probabilidade de diafonia entre sinais adjacentes. Quanto mais lento for o tempo de subida e descida, menor será a probabilidade de haver diafonia. Com isto em mente, a taxa de variação máxima permitida é de 30 V/ms.

Implementação prática do RS232

A maioria dos sistemas concebidos atualmente não funciona com níveis de tensão RS232. Como este é o caso, a conversão de nível é necessária para implementar a comunicação RS232. A conversão de nível é efectuada por ICs RS232 especiais. Estes circuitos integrados têm normalmente controladores de linha que geram os níveis de tensão exigidos pelo RS232 e receptores de linha que podem receber os níveis de tensão RS232 sem serem danificados. Estes controladores e receptores de linha também invertem normalmente o sinal, uma vez que um 1 lógico é representado por um nível de tensão baixo para a comunicação RS232 e, do mesmo modo, um 0 lógico é representado por um nível lógico alto. O controlador/recetor de linha RS232 1C efectua a conversão de nível necessária entre a interface CMOS/TTL e a interface RS232. A UART efectua as tarefas de sobrecarga necessárias para a comunicação em série assíncrona. Por exemplo, a natureza assíncrona deste tipo de comunicação exige normalmente que os bits de arranque e de paragem sejam iniciados pelo sistema anfitrião para indicar ao sistema periférico quando a comunicação começará e parará. Os bits de paridade também são frequentemente utilizados para garantir que os dados enviados não foram corrompidos. A UART gera normalmente os bits de arranque, paragem e paridade ao transmitir dados e pode detetar erros de comunicação ao receber dados. A UART também funciona como intermediária entre a comunicação por bytes (paralela) e por bits (série); converte um byte de dados num fluxo de bits em série para transmissão e converte um fluxo de bits em série num byte de dados para receção. Agora que foi fornecida uma explicação elementar da interface TTL/CMOS para RS232, podemos considerar algumas aplicações reais do RS232. Já foi observado que as aplicações RS232 raramente seguem o padrão RS232 com precisão. Talvez a razão mais significativa para isso seja o facto de muitos dos sinais definidos não serem necessários para a maioria das aplicações. Como tal, os sinais desnecessários são omitidos e apenas são utilizados sinais de dados sem controlo de handshake.

No nosso projeto, estamos a utilizar o MAX 232 1C para a tradução do nível do condutor/recetor da linha RS 232 entre o microcontrolador e o computador.

• Para ler a porta COM, utilizamos dois métodos.

> - *Tínhamos* escrito o programa em linguagem C para ler a porta COM.
>   E imprimir ¡ton Screen

• *Podemos* utilizar a aplicação hiper terminal fornecida pelo sistema operativo.

3.1.3 Estudo do MAX232 1C

Uma forma popular de transferir comandos e dados entre um computador pessoal e um microcontrolador é a utilização de uma interface padrão. Uma interface série normalizada para PC, RS232C, requer uma lógica negativa, ou seja, a lógica "1" é de -3V a -12V e a lógica "0" é de +3V a +12V. Para converter uma lógica TTL, por exemplo, os pinos TxD e RxD dos chips uC, é necessário um chip conversor. Um chip MAX232 tem sido usado há muito tempo em muitas placas uC. Ele fornece uma porta RS232C de 2 canais e requer capacitores externos de 10uF. Quando se pretende utilizar o MAX232, é necessário ligar o RX ao TX do dispositivo e o TX do MAX232 ao RX do dispositivo.

Caraterísticas do Max232

- Cumpre ou excede as recomendações TIA/EIA-232-F e ITU V.28

- Funciona a partir de uma única fonte de alimentação de 5 V Com alimentação. Cada recetor converte entradas TIA/EIA-232-F Capacitores de bomba de carga de 1,0-F

- Funciona até 120 kbit/s

- Dois condutores e dois receptores

- Níveis de entrada de 30 V

- Corrente de alimentação baixa: 8 mA típica

3.2 Placa de entrada

Na placa INPUT temos os seguintes parâmetros para desenhar.
i) Alimentação eléctrica
ii) Cartão de condutor de relé

3.2.1 Alimentação eléctrica

No nosso projeto, todos os dispositivos estão ligados aos terminais da fonte de alimentação. Para acionar o relé queremos uma alimentação de +12 Vdc, para o somador de base 0pam queremos uma alimentação de +12/-12 Vdc. Além disso, para a placa do microcontrolador, precisamos de uma alimentação de +5

Vdc. Por isso, retirámos esta alimentação da saída do retificador.

3.2.2 Cartão de condução do relé

Há um total de 12 pontos de teste, pelo que temos de acionar 12 relés. Agora não podemos ligar o relé diretamente ao microcontrolador, porque a placa do microcontrolador funciona com uma alimentação de + 5Vdc e o relé funciona com uma alimentação de +12 Vdc. Por conseguinte, para acionar o relé, temos de utilizar um conjunto de transístores Darlington 1C de alta tensão e alta corrente, ou seja, ULN2803A. O LED é utilizado para indicar o estado do relé, ou seja, se o relé está ligado ou desligado.

3.3 Tábua de enrolar arame

O enrolamento de fios é um processo de ligação de fios de cobre descarnados (não isolados) a um terminal para completar um circuito elétrico. Os fios são enrolados firmemente à volta do terminal através do movimento de um elemento rotativo, chamado bit. A broca é fabricada a partir de varas de aço sólido e tem um grande orifício central maquinado ao longo do seu eixo para deslizar a ferramenta sobre o terminal; o terminal permanecerá dentro desta cavidade enquanto a broca roda. A superfície superior da broca tem uma ranhura para o fio, uma ranhura que é maquinada axialmente ao longo do diâmetro exterior, que aceita o comprimento do fio descarnado que vai ser enrolado. A frente ou face da broca, onde o fio entra em contacto pela primeira vez antes de ser enrolado à volta do terminal, é moldada para aplicar a tensão adequada ao fio durante o enrolamento. Este contorno também orienta o fio para uma hélice bem espaçada e uniforme. Cada broca é concebida para lidar com uma combinação específica de bitola do fio, diâmetro do isolamento do fio e geometria do terminal. Enquanto está em funcionamento, a broca é envolvida por um tubo metálico estacionário chamado manga. A manga retém a broca no encaixe de uma ferramenta de enrolamento do fio, que acciona a broca à medida que esta roda. Também mantém o fio na ranhura durante o processo de enrolamento e protege o trabalhador da broca em rotação. À medida que a broca roda, puxa o arame através de

O enrolamento de fios é um método de fazer ligações eléctricas para um circuito como alternativa à soldadura. É frequentemente utilizado para prototipagem, mas também se encontra em alguns tipos de equipamento eletrónico comercial. Geralmente, utiliza a placa perfurada (também designada placa vetorial), uma placa de circuitos com uma grelha de orifícios pré-perfurados rodeados por almofadas de solda. Os componentes são inseridos através dos orifícios, soldados às almofadas para os manter no lugar e ligados uns aos outros através do enrolamento de fios descarnados à volta dos pinos. É uma forma simples e fiável de construir um circuito que não requer muitos conhecimentos técnicos e pode ser feita com ferramentas manuais simples. O componente fundamental deste processo é a ferramenta de enrolamento de fio. Esta ferramenta assemelha-se a uma mini chave de fendas com um eixo redondo. Tem um centro oco na extremidade, através do qual se pode encaixar um pino de componente. Tem também um orifício paralelo na extremidade que segura o fio de enrolamento, o qual será enrolado à volta do pino no orifício central. Ao contrário da soldadura, o enrolamento do fio requer pinos extra-longos para que o fio possa ser enrolado ao longo do seu comprimento. Quando é necessária mais do que uma ligação a um pino, estes pinos compridos também permitem o enrolamento adicional do fio.

Existem dois tipos de ligações com fios:
Numa ligação normal, apenas o fio não isolado é enrolado à volta do terminal. Um enrolamento modificado, que requer uma broca modificada, enrola cerca de 11/2 voltas de fio isolado de fio isolado à volta do terminal, para além do fio nu. Este método melhora muito a estabilidade mecânica de uma ligação, como a resistência à vibração, nos casos em que o diâmetro do fio é pequeno e a sua resistência mecânica é baixa. O elemento mais importante a considerar ao escolher um dos métodos de enrolamento é o tamanho do fio que está a ser utilizado. Um enrolamento padrão é geralmente utilizado para fios de 26 AWG e de maior diâmetro; um enrolamento modificado, por outro lado, é utilizado quase exclusivamente para fios de 28 e 30 AWG. Em ambos os casos, o estilo de enrolamento afecta apenas a estabilidade mecânica da ligação; ambos fornecem caraterísticas eléctricas idênticas, produzindo uma resistência normalmente inferior a 3 ohms.

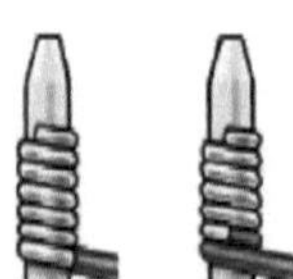

Figura 3.1: Técnicas de enrolamento de fios

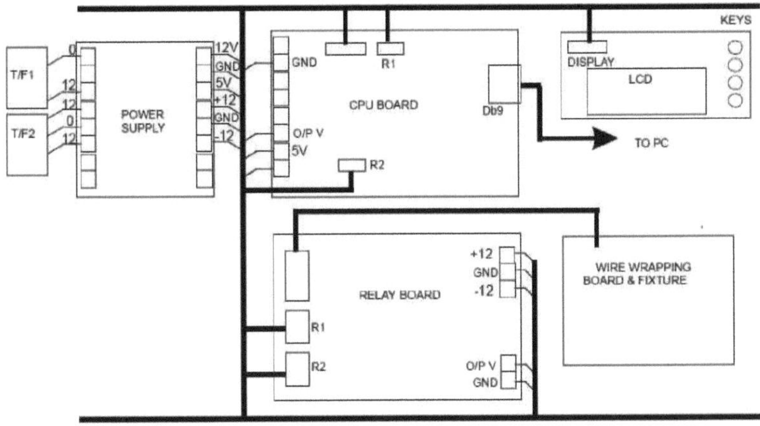

Figura 3.2: Placa de enrolamento

3.4 Conceção de PCB

Para desenhar a placa de circuito impresso, utilizámos o software Design Spark PCB. Este software é de fácil utilização e muito simples. O Design Spark PCB é um software profissional gratuito de conceção de placas de circuito impresso, que permite aos engenheiros de conceção eletrónica levar os seus projectos da conceção à produção. O sistema baseia-se num ambiente de desenho integrado que fornece todas as ferramentas necessárias para captar um esquema até ao desenho e disposição do circuito impresso

placa de circuito impresso (PCB). Criámos os esquemas de PCB com este software.

Caraterísticas principais: -

- Utilize a simulação spice para exportar as suas listas de redes para várias ferramentas de simulação populares.

- Calcule a impedância, a capacitância e a dissipação de calor com a calculadora de design.

- agrupar vários itens no seu desenho para que actuem como uma unidade com a função de grupo.

- Visualize o esquema da sua placa de circuito impresso com o visualizador 3D.

- Suporta camadas PCB ilimitadas e folhas ilimitadas por projeto.

- Sem restrições de licença ou limite de tempo na licença.

21

- Gera ficheiros Gerber padrão da indústria, excellon, dxf, idf e mais.

22

Capítulo 4

Descrição do hardware do sistema

A conceção e o desenvolvimento de um sistema de teste e diagnóstico de falhas para PCB montadas requerem o seguinte hardware. A conceção de cada peça de hardware é abordada neste capítulo.

- Microcontrolador 16F877A.

- Regulador de tensão 78XX ,79XX.

- Relé.

- Condensadores

- Díodos

- Diodos emissores de luz (LEDs)

- 1C MAX 232

- IC ULN 2803

4.1   Microcontrolador (16F877A)

O microcontrolador PIC 16F877A é um dos microcontroladores mais conhecidos do sector. O PIC 16F877A é um dos microcontroladores mais avançados da Microchip. Este controlador é amplamente utilizado em aplicações experimentais e modernas devido ao seu baixo preço, à sua vasta gama de aplicações, à sua elevada qualidade, à facilidade de disponibilidade e ao facto de a codificação ou programação deste controlador ser também mais fácil. Uma das principais vantagens é o facto de poder ser apagado tantas vezes quanto possível, pois utiliza a tecnologia de memória FLASH. Tem um número total de 40 pinos e 33 pinos para entrada e saída. É ideal para aplicações como aplicações de controlo de máquinas, dispositivos de medição, fins de estudo, etc. A figura de um chip PIC16F877 é mostrada abaixo.

- Portas de entrada/saída:
    O PIC16F877 tem 5 portas básicas de entrada/saída. São normalmente designadas por PORT A (R A), PORT B (RB), PORT C (RC), PORT D (RD) e PORT
    E (RE). Estas portas são utilizadas para a interface de entrada/saída. Neste

controlador, PORT A tem apenas 6 bits de largura (RA-0 a RA-7), PORT B, PORT C, PORT D têm apenas 8 bits de largura (RB-0 a RB-7, RC-0 a RC-7, RD-0 a RD-7), PORT E tem apenas 3 bits de largura (RE-0 a RE-7).

Todas estas portas são bidireccionais. A direção da porta é controlada utilizando os registos TRIS(X) (TRIS A utilizado para definir a direção de PORT-A, TRIS B utilizado para definir a direção de PORT-B, etc.). A definição de um bit 1 da TRIS(X) define o bit PORT(X) correspondente como entrada. Se se apagar um bit 0 da TRIS(X), o bit PORT(X) correspondente será definido como saída. (Se quisermos colocar o PORT A como entrada, basta colocar o bit TRIS(A) a 1 lógico e se quisermos colocar o PORT B como saída, basta colocar os bits PORT B a 0 lógico).

Figura 4.1: Diagrama de pinos do microcontrolador

- Porta de entrada analógica (ANO a AN7): estas portas são utilizadas para a ligação em interface das entradas analógicas.

- TX e RX: Estas são as portas de transmissão e receção USART.

- SCK: estes pinos são utilizados para dar entrada de relógio série síncrono.

- SCL: estes pinos funcionam como uma saída para os modos SPI e I2C.

- DT: Trata-se de terminais de dados síncronos.

- CK: entrada de relógio síncrono.

- SD0: Saída de dados SPI (modo SPI).

- SD1: Entrada de dados SPI (modo SPI).

- SDA: entrada/saída de dados no modo I2C.

- CCPI e CCP2: são módulos de captura/comparação/PWM.

- OSC1: entrada do oscilador/relógio externo.

- OSC2: saída do oscilador/clock out.

- MCLR: pino de master clear (reset ativo baixo).

- Vpp: tensão de entrada de programação.

- THV: Controlo do modo de teste de alta tensão.

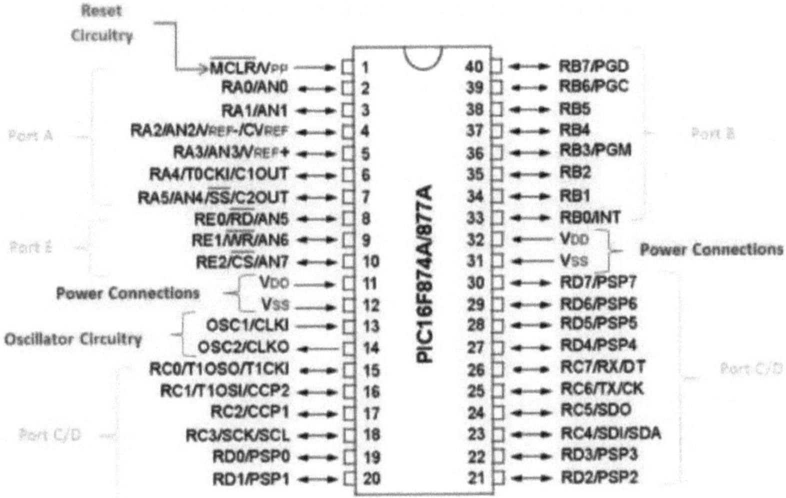

- Vref (+/-): tensão de referência.

- SS: Seleção de escravo para a porta série síncrona.

- T0CK1: entrada de relógio para o TEMPORIZADOR 0.

- T1OS0: Saída do oscilador do temporizador 1.

- T1OS1: Entrada do oscilador do temporizador 1.

- T1CK1: entrada de relógio para o temporizador 1.

- PGD: Dados de programação em série.

- PGC: relógio de programação série.

- PGM: Entrada de programação de baixa tensão.

- INT: interrupção externa.

- RD: Controlo de leitura para a porta escrava paralela.

- CS: Selecionar o controlo para o escravo paralelo.

- PSPO a PSP7: Porta escrava paralela.

- VDD: alimentação positiva para os pinos lógicos e de entrada.

- VSS: Referência de terra para os pinos lógicos e de entrada/saída.

4.2   Regulador de tensão de três terminais

- Caraterísticas gerais: - Um regulador de tensão de três terminais é um regulador no qual a tensão de saída é definida num valor pré-determinado. Estes reguladores não requerem uma ligação de retorno externa. Por conseguinte, apenas são necessários três terminais para este tipo de dispositivo: entrada (Vin), saída (Vo) e um terminal de terra. Uma vez que o regulador funciona com uma tensão de saída predefinida, a resistência limitadora de corrente também é interna ao dispositivo. As principais vantagens deste tipo de reguladores são a simplicidade das ligações ao circuito externo e o mínimo de componentes externos. A Fig. mostra a configuração básica do circuito dos reguladores de tensão de três terminais. Embora os reguladores de três terminais ofereçam apenas tensões de saída fixas, existe uma grande variedade de tensões disponíveis, tanto +Ve como Ve. A corrente de saída varia entre 100 m A e 3 A.

- Reguladores de tensão positiva de 3 terminais das séries LM 78 MXX e 79XX: - A série LX78MXX e 79MXX de reguladores de três terminais está disponível com várias tensões de saída fixas, o que os torna úteis numa vasta gama de aplicações. A tensão disponível permite que estes reguladores sejam utilizados em sistemas lógicos, instrumentação, Hi Fi e outros equipamentos electrónicos de estado sólido. Embora concebidos principalmente, os dispositivos podem ser utilizados com componentes externos para obter tensão e corrente ajustáveis.

Figura 4.2: Reguladores de tensão de três terminais

4.3 Condensadores

Os condensadores armazenam carga eléctrica. São utilizados para suavizar as variações de corrente contínua, actuando como um reservatório de carga. Também são utilizados em circuitos de filtragem porque os condensadores passam facilmente sinais AC (variáveis) mas bloqueiam sinais DC (constantes).

- Condensadores polarizados (grandes valores, IF +):- Os condensadores electrolíticos são polarizados e devem ser ligados da forma correta, pelo menos um dos seus fios estará marcado com + ou -. Não são danificados pelo calor durante a soldadura. Existem dois modelos de condensadores electrolíticos: axial, em que os cabos estão ligados a cada extremidade (220F na figura) e radial, em que ambos os cabos estão na mesma extremidade (10F na figura). Os condensadores radiais tendem a ser um pouco mais pequenos e ficam na vertical na placa de circuitos. É fácil encontrar o valor dos condensadores electrolíticos porque estão claramente impressos com a sua capacitância e tensão nominal. A tensão nominal pode ser bastante baixa e deve ser sempre verificada quando se seleciona um condensador eletrolítico.

- Condensadores não polarizados (pequenos valores, até IF):- Os condensadores de pequeno valor não são polarizados e podem ser ligados em qualquer direção. Não são danificados pelo calor durante a soldadura, exceto no caso de um tipo invulgar (poliestireno). Pode ser difícil encontrar os valores destes pequenos condensadores porque existem muitos tipos e vários sistemas de etiquetagem diferentes. Muitos condensadores de pequeno valor têm o seu valor impresso, mas sem um multiplicador, pelo que é necessário usar a experiência para descobrir qual deve ser o multiplicador

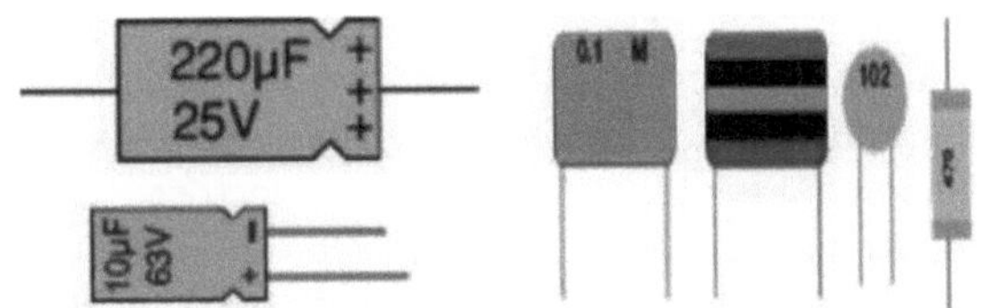

Figura 4.3: Condensadores polarizados e condensadores não polarizados

4.4 Díodos

Os díodos permitem que a eletricidade circule apenas num sentido. A seta do símbolo do circuito indica a direção em que a corrente pode fluir. Os díodos são a versão eléctrica de uma válvula e os primeiros díodos chamavam-se válvulas.

- Queda de tensão de avanço A eletricidade gasta um pouco de energia ao atravessar o díodo, tal como uma pessoa a atravessar uma porta com uma mola. Isto significa que existe uma pequena tensão através de um díodo condutor, a que se chama queda de tensão de avanço e que é de cerca de 0,7 V para todos os díodos normais, que são feitos de silício. A queda de tensão de avanço de um díodo é quase constante independentemente da corrente que passa através do díodo, pelo que têm uma caraterística muito acentuada (gráfico corrente-tensão).

- Tensão Inversa Quando é aplicada uma tensão inversa, um díodo perfeito não conduz, mas todos os díodos reais libertam uma corrente muito pequena, de alguns A ou menos. Esta corrente pode ser ignorada na maioria dos circuitos porque será muito menor do que a corrente que flui na direção da frente. No entanto, todos os díodos têm uma tensão inversa máxima (normalmente 50 V ou mais) e, se esta for excedida, o díodo falha e passa uma grande corrente no sentido inverso, o que se designa por avaria.

Os díodos comuns podem ser divididos em dois tipos: Díodos de sinal que passam pequenas correntes de 100mA ou menos e díodos rectificadores que podem passar grandes correntes. Para além disso, existem os díodos LED (que têm a sua própria página) e os díodos Zener (no final desta página).

4.5   MAX 232

O PC requer uma lógica negativa, ou seja, a lógica "1" é de -3V a -12V e a lógica "0" é de +3V a +12V. Para converter uma lógica TTL, por exemplo, os pinos TxD e RxD dos chips uC, é necessário um chip conversor. Um MAX232 converte o nível TTL para os níveis RS 232.

4.6   Relé

O relé é um dos dispositivos electromecânicos mais importantes, muito utilizado em aplicações industriais, especificamente na automação. Um relé é utilizado para a interface eletrónica e eléctrica, ou seja, é utilizado para ligar ou desligar circuitos eléctricos que funcionam com uma tensão CA elevada utilizando uma tensão de controlo CC baixa. Um relé tem geralmente duas partes, uma bobina que funciona à tensão nominal de corrente contínua e um interruptor mecanicamente móvel.

Os circuitos electrónicos e eléctricos estão isolados eletricamente, mas ligados magneticamente entre si; por conseguinte, qualquer falha num dos lados não afecta o outro lado. A figura mostra a estrutura interna do relé.

Como os relés são interruptores, a terminologia aplicada aos interruptores também é aplicada aos relés. Um relé comuta um ou mais pólos, cada um dos quais pode ser ativado através da energização da bobina de uma de

três formas

Figura 4.4: Estrutura interna do relé

- Os contactos normalmente abertos (NA) ligam o circuito quando o relé é ativado; o circuito é desligado quando o relé está inativo. É também chamado de contacto FormA ou contacto make. Os contactos NA também podem ser distinguidos como early- make ou NOEM, o que significa que os contactos se fecham antes de o botão ou interrutor estar totalmente engatado.

- Os contactos normalmente fechados (NF) desligam o circuito quando o relé é ativado; o circuito está ligado quando o relé está inativo. É também chamado de contacto de forma B ou contacto de rutura. Os contactos NF também podem ser distinguidos como de rutura tardia ou NCLB, o que significa que os contactos permanecerão fechados até que o botão ou interrutor seja totalmente desenergizado.

- Os contactos de comutação (CO), ou de duplo lançamento (DT), controlam dois circuitos: um contacto normalmente aberto e um contacto normalmente fechado com um terminal comum. É também designado por contacto de forma C ou contacto de transferência (break before make). Se este tipo de contacto utiliza a funcionalidade "make before break", então é designado por contacto de forma D.

4.6.1   As seguintes designações são frequentemente encontradas:

- SPST-Single Pole Single Throw. Estes têm dois terminais que podem ser conectados ou desconectados. Incluindo dois para a bobina, um relé deste tipo tem quatro terminais no total. É ambíguo se o pólo é normalmente aberto ou fechado. A terminologia SPNO e SPNC é por vezes utilizada para resolver a ambiguidade.

- SPDT-Single Pole Double Throw. Um terminal comum conecta-se a qualquer um dos outros dois. Incluindo dois para a bobina, um relé deste tipo tem quatro terminais no total.

- DPST-Double Pole Single Throw. Estes têm dois pares de terminais. Equivalente a dois interruptores ou relés SPST actuados por uma única bobina. Incluindo dois para a bobina, um relé deste tipo tem seis terminais no total. Os pólos podem ser da forma A ou da forma B (ou um de cada).

- DPDT-Double Pole Double Throw. Estes têm duas filas de terminais de comutação. Equivalente a dois interruptores ou relés SPDT actuados por uma única bobina. Um relé deste tipo tem oito terminais, incluindo a bobina.

O ULN2803A é normalmente utilizado para acionar um periférico de alta tensão e/ou corrente de um MCU ou dispositivo lógico que não pode tolerar estas condições. O desenho seguinte é uma aplicação comum do ULN2803A, accionando cargas indutivas. Isto inclui motores, solenóides e relés. Estes dispositivos versáteis são úteis para acionar uma vasta gama de cargas, incluindo solenóides, relés, motores CC, lâmpadas de filamento de ecrãs LED, cabeças de impressão térmicas e buffers de alta potência.

4.7   Díodos emissores de luz (LEDs)

Os LEDs emitem luz quando são atravessados por uma corrente eléctrica. Os LEDs estão disponíveis em vermelho, laranja, âmbar, amarelo, verde, azul e branco. Os LED azuis e brancos são muito mais caros do que as outras cores. A cor de um LED é determinada pelo material semicondutor e não pela cor do "pacote" (o corpo de plástico). Os LED de todas as cores estão disponíveis em embalagens não coloridas que podem ser difusas (leitosas) ou transparentes (frequentemente descritas como "transparentes como água"). As embalagens coloridas também estão disponíveis como difusas (o tipo padrão) ou transparentes.

Capítulo 5

Implementação de software de sistema

Para conceber este modelo de cadeira de rodas, são utilizados dois programas informáticos. Os pormenores do software e da programação são abordados na secção seguinte.

5.1 Design Spark

O software Design Spark PCB é de fácil utilização e muito simples. O Design Spark PCB é um software profissional gratuito de desenho de PCB, que permite aos engenheiros de desenho eletrónico levar os seus desenhos do conceito à produção.

5.1.1 Começar a utilizar o Design Spark

Quando se executa o Design Spark, aparece a janela principal da aplicação. Pode abrir qualquer número e combinação de diferentes desenhos e itens de biblioteca juntos nesta janela. A figura abaixo mostra as principais facetas da estrutura por nome, de modo que, à medida que forem usadas neste tutorial, você entenderá do que se trata.

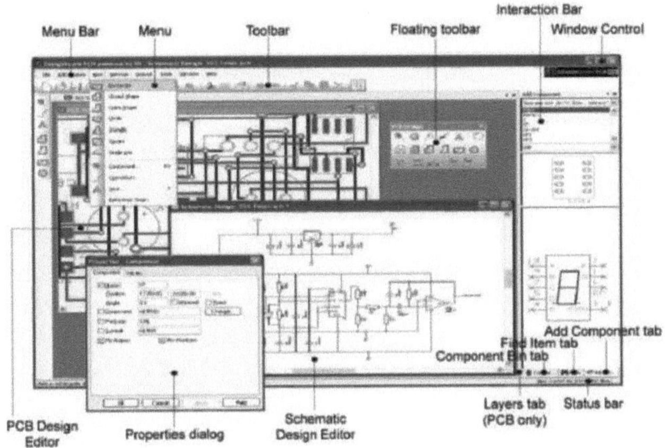

5.1.2   Barras de ferramentas

O Design Spark é instalado com um conjunto de ferramentas de uso comum nas barras de ferramentas para utilização.

- Barra de ferramentas geral

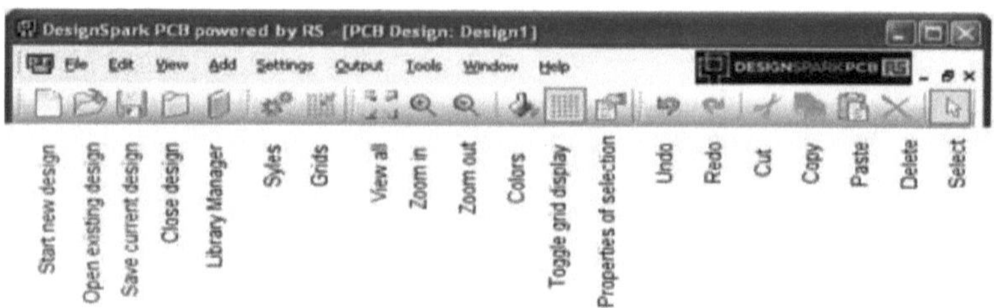

Figura 5.2: Barra de ferramentas geral da centelha de projeto

- barra de ferramentas de desenho esquemático e barra de ferramentas de desenho de PCB

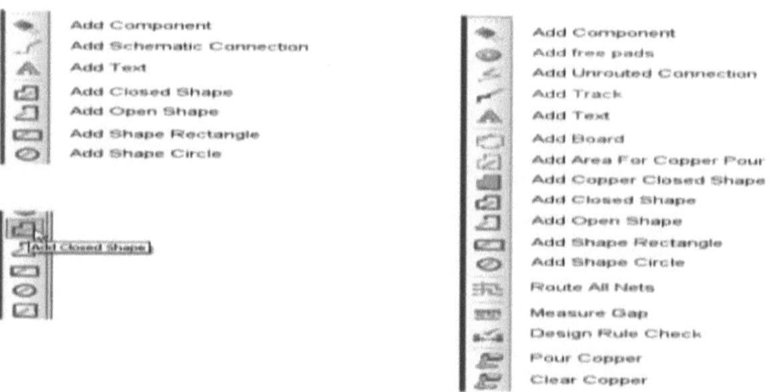

Figura 5.3: Barra de ferramentas de desenho esquemático e barra de ferramentas de desenho de PCB

- Iniciar um novo esquema

  Para iniciar um novo desenho esquemático ou um desenho de PCB No menu File, clique em New (tecla de atalho ¡Ctrl-N¿) Verifique o botão Schematic Design e o botão Use Technology File. O modelo Default, stf irá ajudá-lo a começar mais rapidamente, selecione este ficheiro. Estão disponíveis mais detalhes sobre os ficheiros de tecnologia na Ajuda Online.

- Criação do esquema

  Clique no botão OK para iniciar um novo desenho esquemático. Nota: Se pretender criar uma PCB sem um desenho esquemático (o que pode fazer), basta clicar no botão PCB Design e em OK, seguir o Assistente de Nova PCB. Em seguida, pule para o capítulo intitulado Iniciando um novo projeto de

PCB. A janela Design Spark terá o seguinte aspeto, pronta para começar:

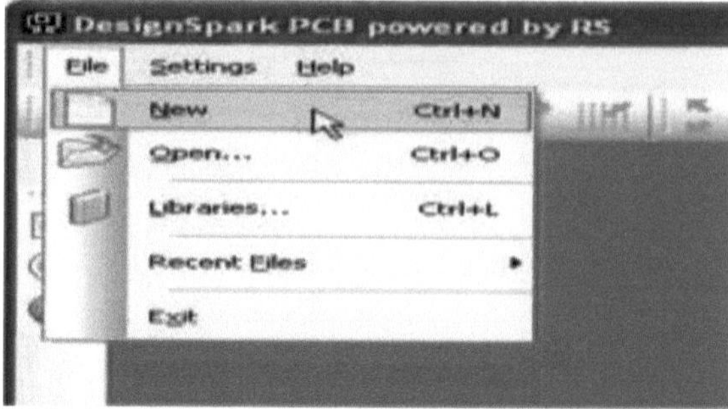

Figura 5.4: Janela de desenho esquemático da nova centelha de projeto

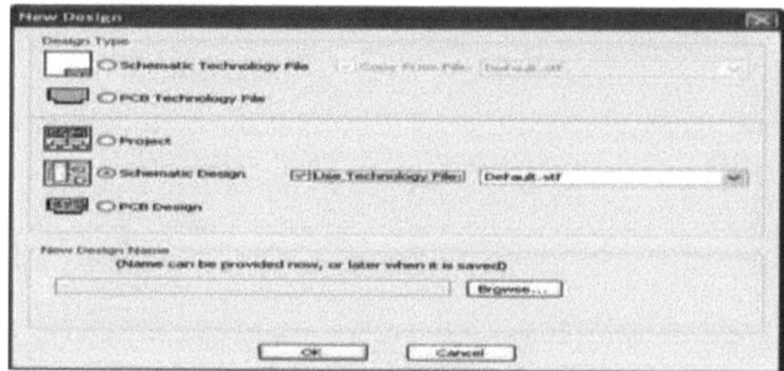

Figura 5.5: Janela de novo desenho da faísca de projeto

Figura 5.6: Janela Design Spark

5.2   MPLAB

O MPLAB IDE é um programa de software que é executado num PC para desenvolver aplicações para microcontroladores Microchip. Ele é chamado de Ambiente de Desenvolvimento Integrado, ou IDE, porque fornece um único ambiente integrado para desenvolver código para incorporação.

5.2.1   Começar a usar o MPLAB

- Faça duplo clique em MPLAB IDE é um programa de software que é executado num PC para desenvolver aplicações para microcontroladores Microchip.

  No separador Projectos, selecione a primeira opção Assistente de projeto.

  Clique em Seguinte na janela de boas-vindas que aparece.

- Selecione o PIC desejado para programar ou construir o seu projeto e clique em Next (Seguinte).

- Selecionar o conjunto de ferramentas activas de que necessita de entre a lista de conjuntos de ferramentas apresentada (normalmente é preferível o conjunto de ferramentas HI-TECH Universal, se estiver instalado).

- Verifique se o conteúdo do conjunto de ferramentas listado contém um compilador adequado às suas necessidades de programação (HI-TECH ANSI C Compiler no caso de um conjunto de ferramentas HI-TECH Uni- versal) e clique em Next.

  Crie um novo ficheiro de projeto na localização pretendida com o nome pretendido.

  certifique-se de que o ficheiro de projeto é guardado no formato *.mcp e clique em Next (Seguinte).

- Na janela seguinte, adicione quaisquer ficheiros que pretenda adicionar ao seu novo projeto, se necessário, caso contrário, salte este passo clicando em Seguinte.

  Agora clique em terminar e o seu novo projeto é criado.

  Agora, selecione a nova opção no separador Ficheiro.

- selecione Guardar como opção no separador Ficheiro e guarde o novo ficheiro na mesma pasta em que criou o projeto, selecionando uma opção adequada de guardar como tipo (dependendo do tipo de programa que está a fazer).

  Exemplo: -

  Ficheiros de origem C se estiver a programar em C

  Ficheiros fonte Assembly se estiver a programar em linguagem ASSEMBLY, etc...

* Vá para o separador Projeto e selecione a opção Adicionar ficheiros ao projeto e adicione o ficheiro guardado no passo anterior.

  Iniciar a programação no ficheiro.

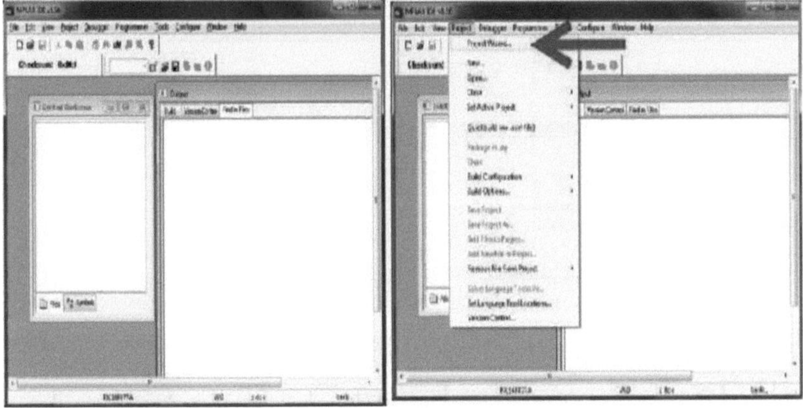

Figura 5.7: Janela do MPLAB e separador do assistente de projeto

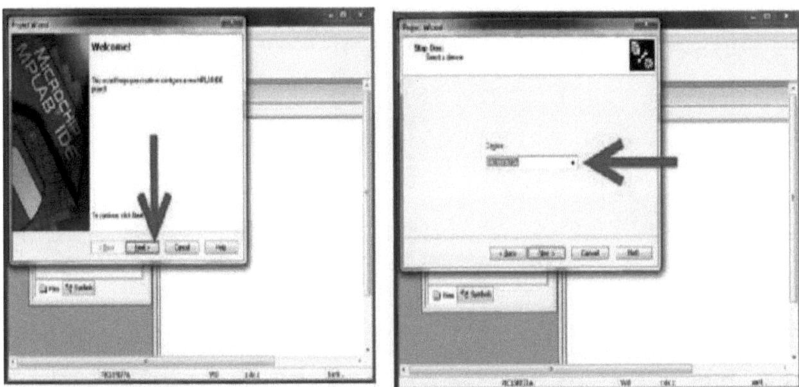

Figura 5.8: Janela de boas-vindas do assistente de projeto e selecionar o PIC 16F877A pretendido

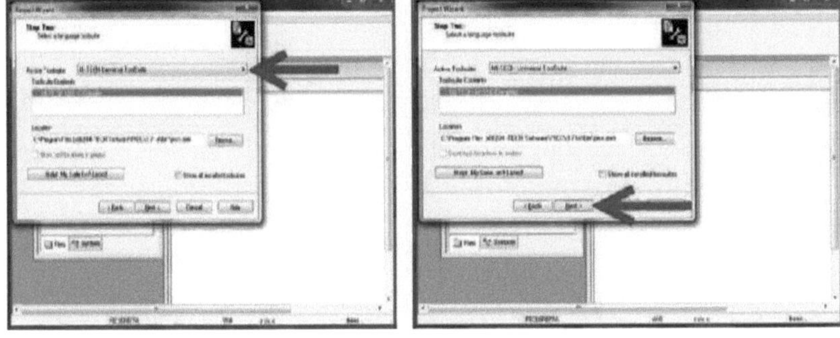

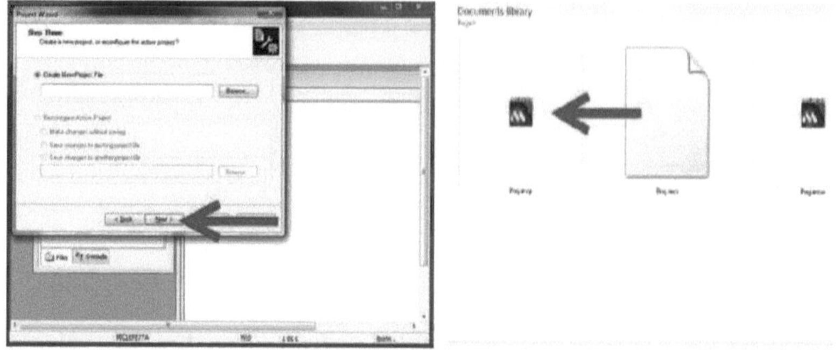

Figura 5.10: Assistente de projeto Seleção do caminho do projeto e do formato do ficheiro do projeto

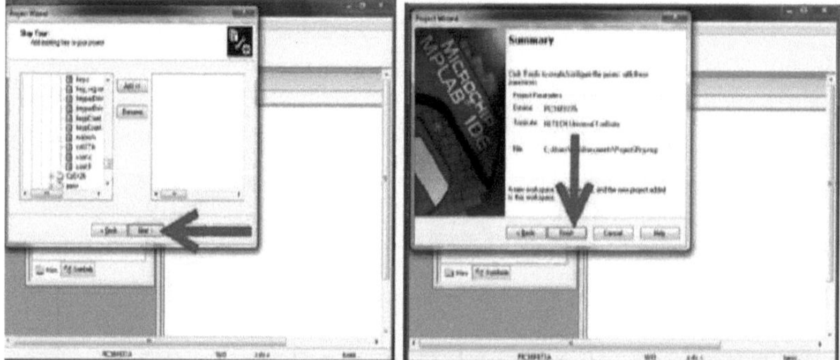

Figura 5.11: Assistente de projeto Adicionar ficheiros existentes ao projeto e Resumo do projeto

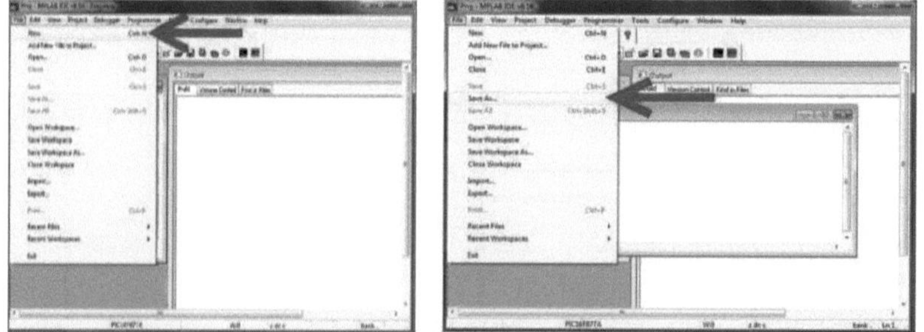

Figura 5.12: Assistente de projeto Nova opção do separador Ficheiro e Guardar como opção do separador Ficheiro.

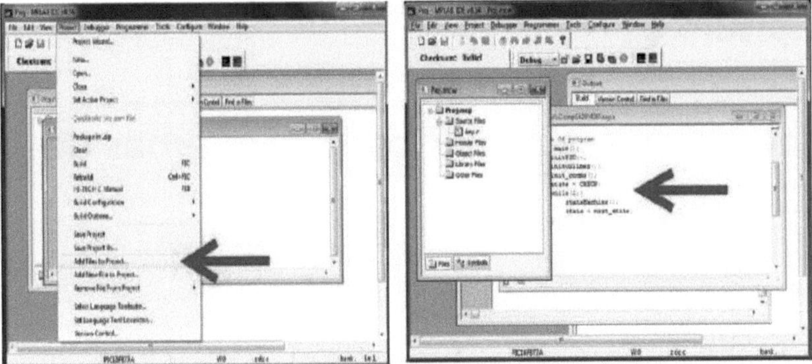

Figura 5.13: MPLAB com um projeto em branco criado.

Capítulo 6

Diagramas esquemáticos e esquemas de PCB

6.1   Esquemas

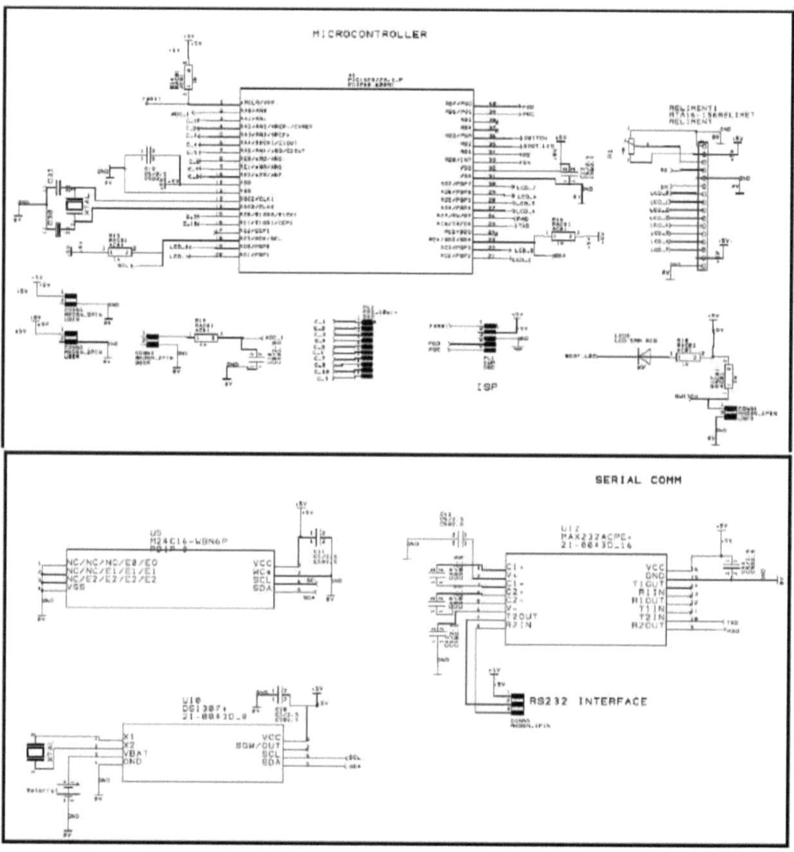

6.1.1   Esquema do circuito da CPU

Figura 6.1: Esquema do microcontrolador PIC

6.1.2   Esquema do circuito de alimentação eléctrica

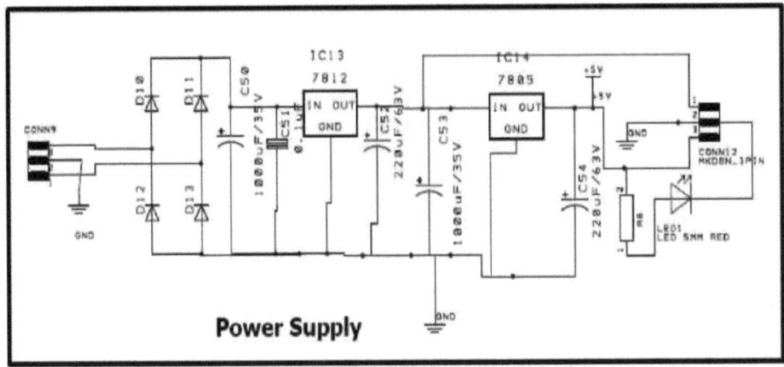

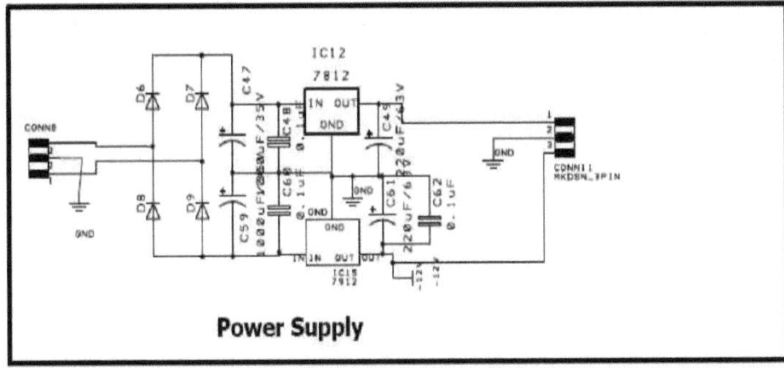

Figura 6.2: Esquema da fonte de alimentação

6.1.3 Esquema do circuito de interface do relé

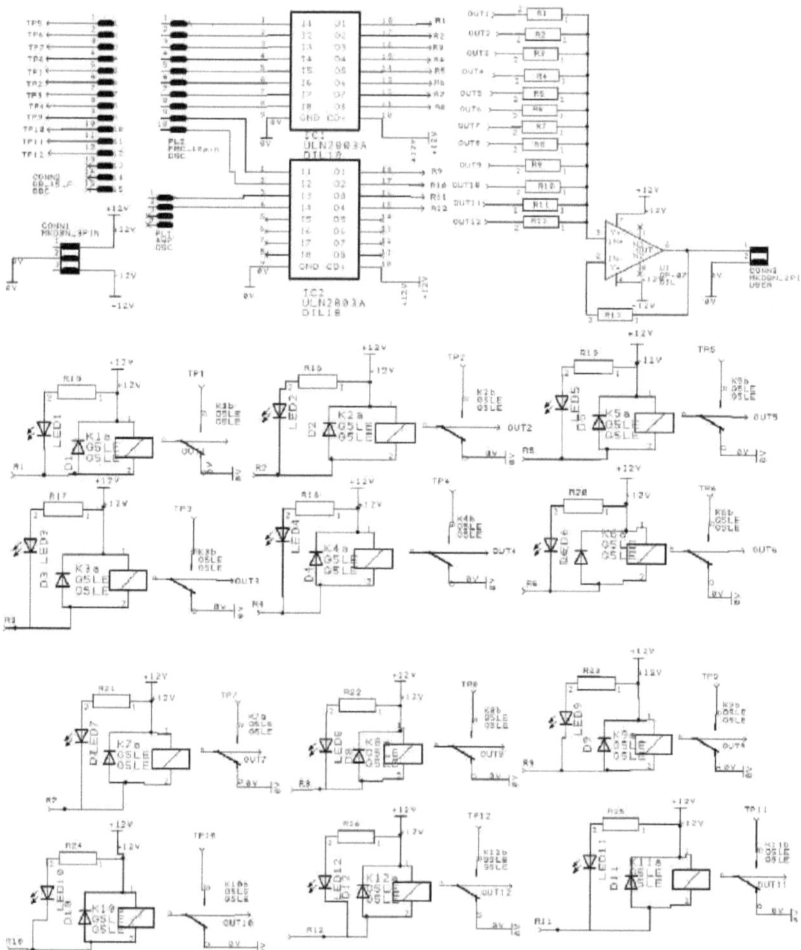

Figura 6.3: Esquema da placa de interface do relé

6.2 Layouts de PCB

6.2.1 Disposição da placa de circuito impresso do circuito da CPU

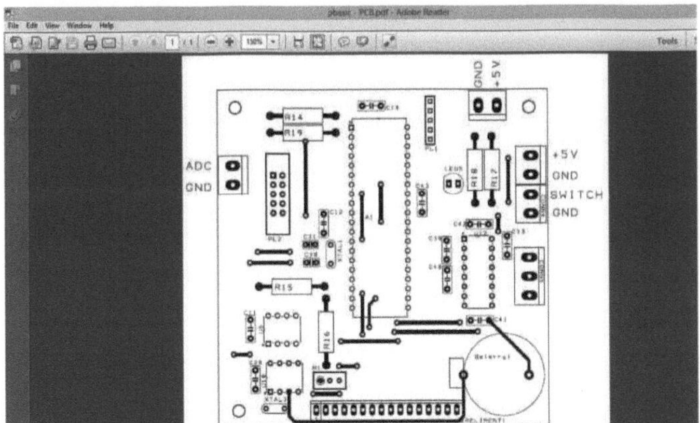

Figura 6.4: Vista superior da placa de circuito impresso do microcontrolador

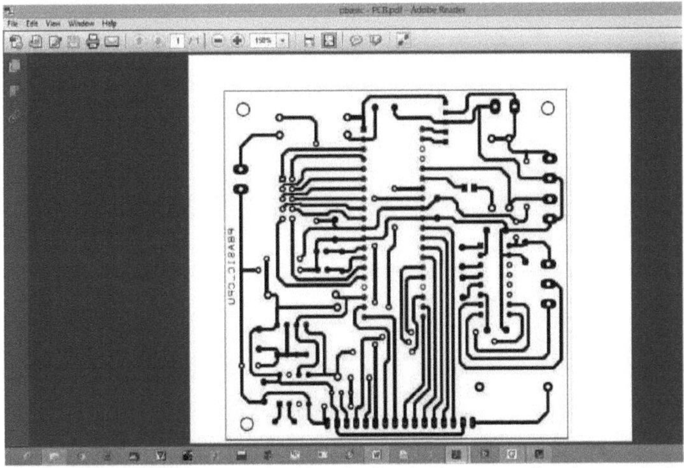

Figura 6.5: Vista inferior da placa de circuito impresso do microcontrolador

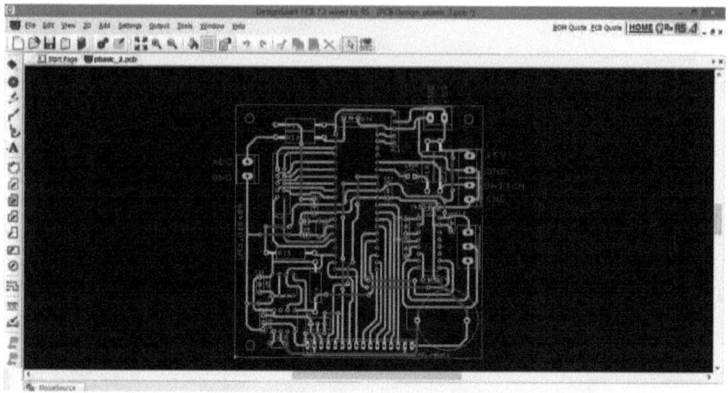

Figura 6.6: Placa de circuito
impresso do microcontrolador

6.2.2 Disposição da placa de circuito impresso do circuito da fonte de alimentação

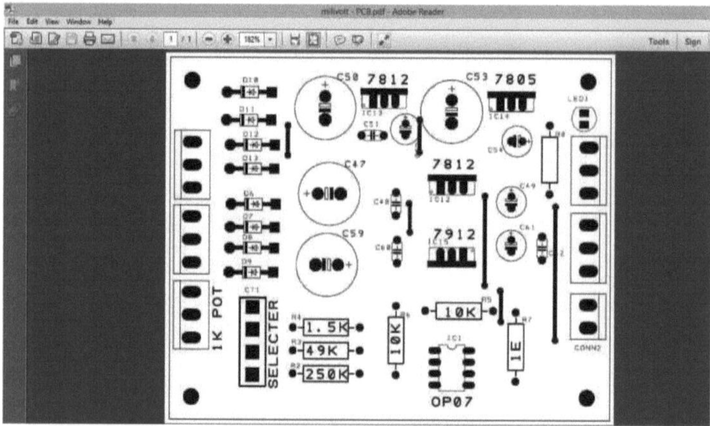

Figura 6.7: Vista superior da placa de
circuito impresso da fonte de alimentação

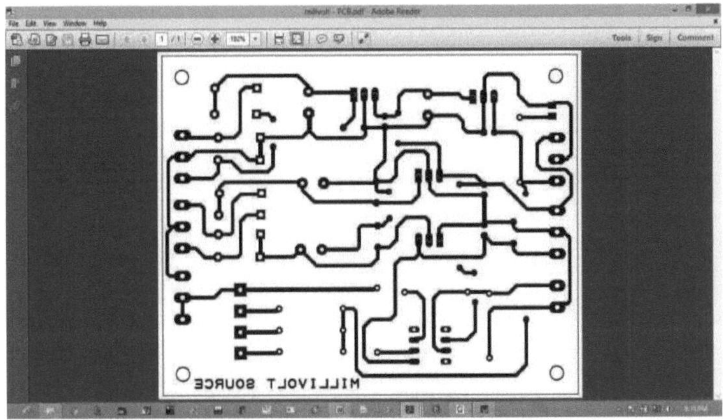

Figura 6.8: PCB da fonte de alimentação Vista inferior

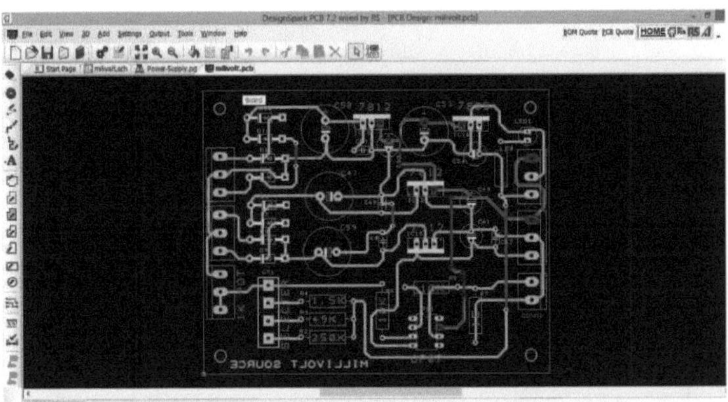

Figura 6.9: Placa de circuito impresso da fonte de alimentação

6.2.3 Esquema da placa de circuito impresso do circuito de interface do relé

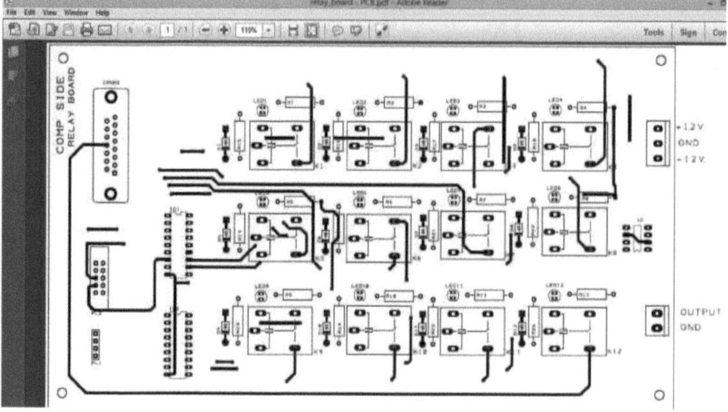

Figura 6.10: Interface do relé PCB Vista superior

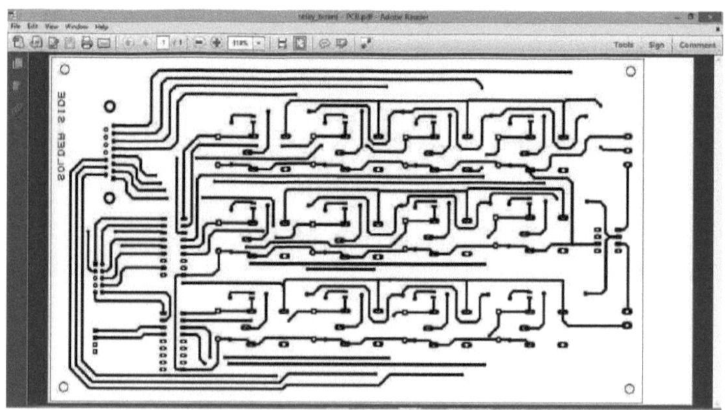

Figura 6.11: PCB de interface do relé Vista inferior

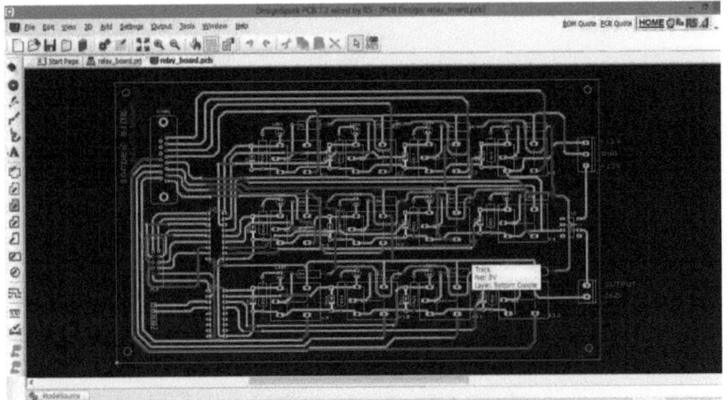

Figura 6.12: Placa de circuito impresso de interface do relé

Capítulo 7

Resultados do sistema

7.1 Fluxogramas do sistema

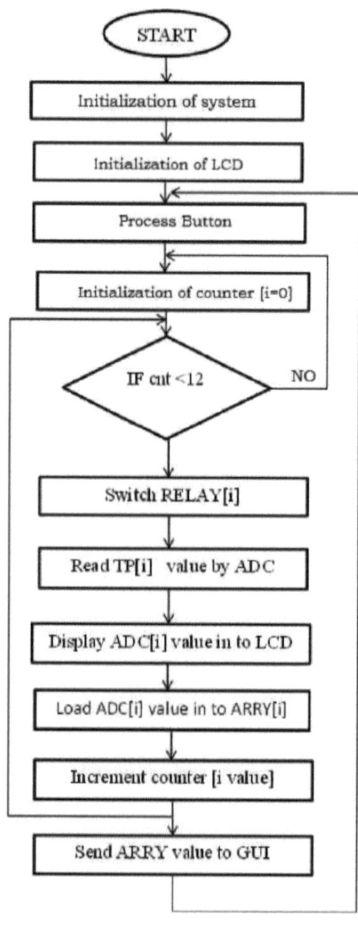

7.2   Resultados do sistema

A figura 7.1 mostra o painel da interface gráfica do utilizador (GUI). Esta interface gráfica do utilizador (GUI) é utilizada para analisar as falhas das placas de circuitos impressos (PCB). Assim, a interface gráfica do utilizador (GUI) apresenta diferentes valores de pontos de ensaio que devem ser testados em placas de circuitos impressos montadas.

A figura 7.2 mostra a janela do editor de limites na interface gráfica do utilizador (GUI). Nesta janela, o operador introduz o limite mínimo e o limite máximo de determinados pontos de ensaio e guarda estes valores, para que a base de dados seja criada automaticamente na Interface Gráfica do Utilizador (GUI). Estes valores padrão serão dados pelo projetista do dispositivo sob ensaio (DUT). Assim, com base nestes valores, o sistema irá encontrar os locais onde estas falhas ocorrem no Dispositivo em Teste (DUT).

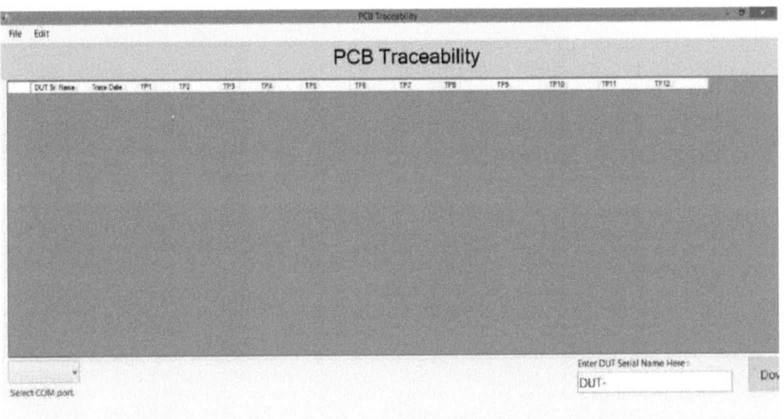

Figura 7.2: Janela da interface gráfica do utilizador

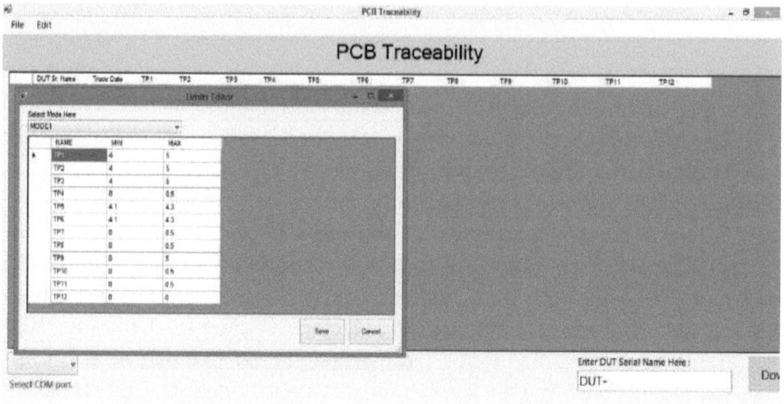

PCB Traceability
File   Edit
PCB Traceability
DUT Sr. Name   Trace Date   TP1   TP2   TP3   TP4   TP5   TP6   TP7   TP8   TP9   TP10   TP11   TP12
Limits Editor
Select Mode Here
MODE1
NAME   MIN   MAX
TP1   4   5
TP2   4   5
TP3   4   5
TP4   0   0.5
TP5   4.1   4.3
TP6   4.1   4.3
TP7   0   0.5
TP8   0   0.5
TP9   0   5
TP10   0   0.5
TP11   0   0.5
TP12   0   0
Save   Cancel
Select COM port.
Enter DUT Serial Name Here :
DUT-
Dow

A Figura 7.3 mostra a janela de resultados do sistema. Esta janela mostra os valores de determinados pontos de ensaio do dispositivo sob ensaio (DUT). Estes valores são transmitidos pela unidade do microcontrolador para a interface gráfica do utilizador (GUI). Nesta janela, o bloco verde indica que não ocorreu nenhuma falha nos pontos de teste do nosso Dispositivo em Teste (DUT) e o bloco vermelho indica que ocorreu uma falha nos pontos de teste do nosso Dispositivo em Teste (DUT). A indicação verde significa que os valores dos pontos de teste estão dentro do limite e a indicação vermelha significa que os valores dos pontos de teste estão fora do limite. Estas indicações baseiam-se nos valores da base de dados guardados na nossa Interface Gráfica do Utilizador (GUI).

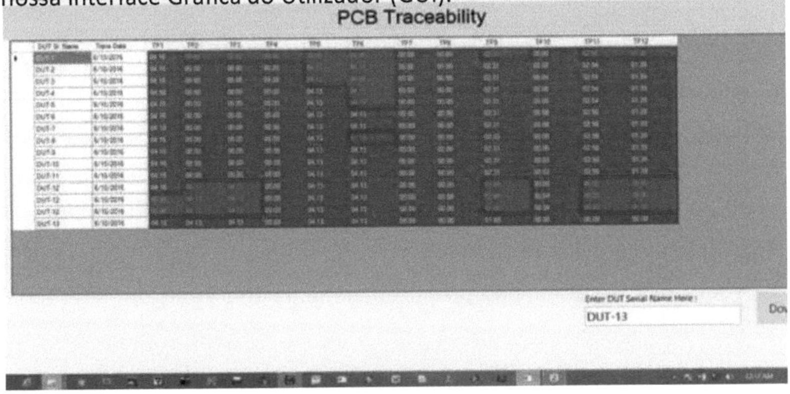

Figura 7.4: Janela de resultados da interface gráfica do utilizador

Capítulo 8

Conclusão Âmbito futuro

O sistema proposto funciona automaticamente, através de uma plataforma integrada, para testar e diagnosticar falhas de sistemas de PCB montados na linha de produção, em comparação com o sistema manual convencional das indústrias de fabrico de eletrónica de pequena e média escala, com as seguintes caraterísticas adicionais

- O erro humano foi minimizado.

- O custo unitário proposto é mínimo em comparação com o banco de ensaios existente.

- O tempo de teste e de diagnóstico de avarias foi reduzido até sete vezes em relação ao tempo de teste manual.

- A produtividade da linha de produção aumenta três vezes em relação à convencional.

Neste modelo, estão atualmente a ser implementados os dados adquiridos utilizando estas configurações que consistem na unidade de microcontrolador, na placa de interface de relés, no dispositivo em ensaio (DUT) e na interface gráfica do utilizador (GUI).

Este modelo é utilizado para encontrar a falha apenas em sistemas estáticos. Os testes e o diagnóstico de falhas podem ser alargados à natureza dinâmica para o mesmo ambiente de trabalho.

Referências

[1]D.Herrell, Multichip Module Technology at MCC, In Proceedings of IEEE International Symposium on Circuits and Systems Vol.3, pp.20992103, 1990.

[2] Y. Zorian, Multi-chip Module Technology, In proceedings of IEEE International onference on Neural Networks Vol.I, pp.152157, 1995.

[3] R.H. Bruce and W.P. Meuli and H. Jackson, Multi Chip Modules, In Proceedings of ACM/IEEE design automation conference pp.386393,1989.

[4] S. Z. Yao, N. C. Chu, C. K. Cheng e T. C. Hu, Uma Abordagem Multi-Probe para Teste de Substrato MCM, IEEE Transactions on Computer-Aided Design of Integrated Circuits and Systems, Vol.13, pp.110-121 1994.

[5]StigOresjo Agilent Technology ,Inc UMA NOVA ESTRATÉGIA DE ENSAIO PARA MONTAGENS DE PLACAS DE CIRCUITOS IMPRESSOS COM PLEXO

[6]AmbreenInsaf, Mirza Salman Baig, ZeeshanAlamNayyar e MirzaAmanBaig" Techniques to Identify and Test PCB Faults with Proposed Solution" Journal of Basic Applied Sciences, 2014, 10, 532-536

[7]E. Bayro-Corrochano "Review of Automated Visual Inspection 1983 to 1993 - Part I and II", SPIE-Intelligent Robots and Computer Vision XII, vol. 2055, pp.128 -172 1993

[8]E. K. Teoh, D. P. Mitai, B. W. Lee, and L. K. Wee," Automated Visual Inspection of Surface Mount PCBs" IECON '90, 16th Annual Conference of IEEE , pp. 27-30, November. 1990.

[10]Ziyin Li and Qi Yang "system design for PCB defects detection based on AOI tech- nology", in Proceedings of the 4th International Congress on Image and Signal Processing 978-14244-9306-7-11-2011 pp.1988-1991

[11]Fabiana R. Leta, Flavio F. Feliciano "Sistema computacional para deteção de defeitos em placas de circuito impresso montadas e nuas baseado em sistemas de conetividade e correlação de imagens Signals and Image Processing, 2008. IWSSIP 2008. 15th International Conference onAno: 2008 Páginas: 331 -334,DOI:10.1109 IEEE Conference pub-lication

[12]Keisuke Murakami A Genetic Algorithm for Probe Testing Problem on High-density PCBWCCI 2012 IEEE World Congress on Computational Intelligence junho, 10-15, 2012 - Brisbane,

Austrália

[13] J.B.Morrell and J.K. Salisbury Parallel Coupled Actuators for High Performanee Force Control: A Micro-Macro Concept, IEEE/RSJ Int.Con on Intelli-

gent Robot and Systems, vol.I, pp. 391-397, 1995.

[14] R.L. Hollis, S.E. Salcudean, and A.P. Allan A Six-Degree-of-Freedom Magnetically Levitated Variable Compliance Fine-Motion Wrist: Design, Modeling, and Control, IEEE Trans, on Robotics and Automation, vol. 7, no. 3, pp. 320-332, 1991.

[15] B. C. Jiang, C.C. Wang, Y.N. Hsu "Abordagem baseada em visão de máquina e remoção de fundo para inspeção de juntas de solda PCB" International Journal of Production Research 45/2 (2007) 451464.

[16]S.H.Oguz and L.Onural "An automated system for design-rule based visualinspection of printed circuit boards" in Proceedings of the 1991 IEEE In- ternational Conference on Robotics and Automation, Sacremento, CA, April 1991,pp.2696-2701.

[17]ZhutingYao,Hongxia Pan Diagnóstico de falhas utilizando imagens magnéticas de PCB UKACCInternational Conference on Control 2012 978-1-4673-1560-9/12/
2012 IEEE

[18] http://ieeexplore.ieee.org

Apêndice

PUBLICAÇÕES

Sr. Vikas Salunkhe, Dr. B. G Patil, Sr. Dodmise, Sr. Patil Uma revisão sobre o estudo do sistema de deteção de falhas para PCB montada Jornal Internacional de Tendências e Tecnologia de Engenharia (IJETT) Volume 34 Número 3- abril de 2016.

yes
I want morebooks!

Buy your books fast and straightforward online - at one of world's fastest growing online book stores! Environmentally sound due to Print-on-Demand technologies.

Buy your books online at
www.morebooks.shop

Compre os seus livros mais rápido e diretamente na internet, em uma das livrarias on-line com o maior crescimento no mundo! Produção que protege o meio ambiente através das tecnologias de impressão sob demanda.

Compre os seus livros on-line em
www.morebooks.shop

Printed by Books on Demand GmbH, Norderstedt / Germany